AF340565

LA BOURBOULE

NOTICE

SUR LA

GRANDE SOURCE COMMUNALE

PERRIÈRE

Chlorurée-sodique, bicarbonatée

LA PLUS ARSENICALE CONNUE

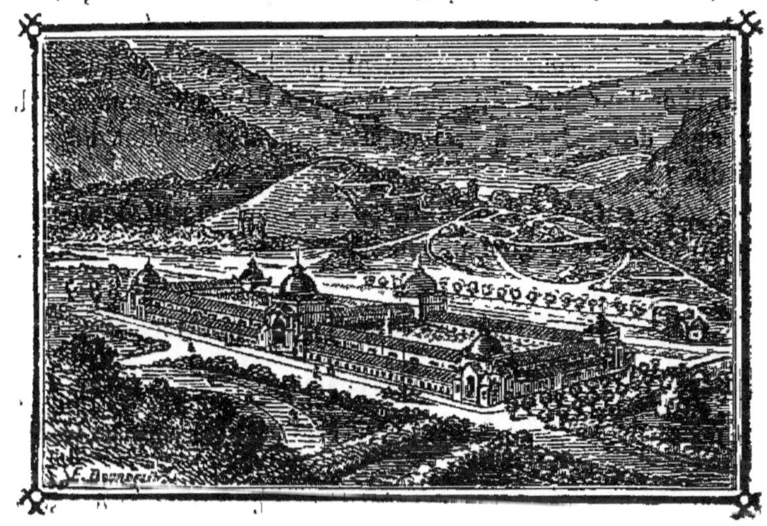

DÉPOTS

CLERMONT-FERRAND

Compagnie des Eaux minérales de la Bourboule
Rue du Billard, 10

PARIS

Pharmacie Centrale de France, rue de Jouy, 7

DÉPARTEMENTS ET ÉTRANGER

Chez les principaux Pharmaciens et Entrepositaires
d'Eaux minérales

COMPAGNIE

DES

EAUX MINÉRALES DE LA BOURBOULE

(PUY-DE-DOME)

CONCESSIONNAIRE DES SOURCES COMMUNALES

SOCIÉTÉ ANONYME AU CAPITAL DE 1,500.000 FRANCS

Siège social à Paris, rue Vivienne, 5.

La Compagnie exploite les principales sources de la station, qui sont les suivantes : Grande source PERRIÈRE, Source de la Plage, Source Sedaïge, Source Fenestre n° 1, Source Fenestre n° 2.

Les eaux de ces sources constituent, par la variété de leur minéralisation et de leur thermalité différente, une véritable gamme médicale qui permet de graduer le traitement à volonté, suivant l'âge et la constitution du malade.

Les eaux de la Bourboule transportées conservent toujours leur efficacité, l'*arsenic* y existant sous forme d'*arséniate de soude*.

EXPORTATION DES EAUX

La Grande Source PERRIÈRE étant la plus arsenicale de toutes celles de la station, elle devra être préférée pour le traitement à domicile.

Les eaux de la Compagnie s'expédient soit de l'entrepôt des sources, à Clermont-Ferrand, soit de l'entrepôt général, à la *Pharmacie centrale de France*, rue de Jouy, 7, à Paris.

On peut aussi s'adresser chez tous les principaux pharmaciens et marchands d'eaux minérales de France et de l'Etranger.

Chaque bouteille d'eau de la Compagnie porte sur la capsule le nom de la source où elle a été remplie.

MM. les Médecins sont priés de spécifier le nom de la source par eux prescrite.

A défaut d'indication spéciale, ce sont les eaux de la *Grande source Perrière* qui sont expédiées.

VUE DES THERMES DE LA BOURBOULE (nouvel Établissement de la Compagnie fermière).

ITINÉRAIRE DE PARIS A LA BOURBOULE

I. DE PARIS A CLERMONT

(par le Bourbonnais)

GARE DE LYON. — Plusieurs trains par jour, dont trois express en Été, deux en Hiver. — Trains express en 9 h. 30 m. — PRIX : 1re cl., **51** fr. **85** ; 2e cl., **38** fr. **25** ; 3e cl., **28** fr. **15**.

Parcours : Charenton — Melun — Fontainebleau — Montargis — Gien — Nevers — Moulins — St-Germain-des-Fossés — Gannat — Aigueperse — Riom — Clermont-Ferrand.

II. DE CLERMONT A LA BOURBOULE

1° Route directe par Rochefort.

Dilig. Gorsse, rue Blatin, 1. — *Départ :* 9 h. matin. — *Arrivée :* 4 h. soir. PRIX : 8 à 10 francs. — *Voitures de place :* Place de Jaude et alentours. PRIX *moyen :* 40 francs.

Parcours : La Baraque — Pont-des-Eaux — Rochefort — Laqueuille Saint-Sauves — La Bourboule.

2° Par le Mont-Dore.

A. 1re Route : par Ceyrat, Randanne, et le lac de Guéry. — *Dilig.* Andrieux frères, place de Jaude ; Gorsse, rue Blatin, 1. — *Départs :* 9 h. du matin et 10 h. 1/2 soir. — *Arrivées* au Mont-Dore à 3 h. du soir et à 4 h. 1/2 du matin.

Du Mont-Dore à la Bourboule : omnibus à 1 franc partant du Mont-Dore à 7 h. du matin, midi et 4 h. du soir. — De la Bourboule à 9 h. du matin et 2 h. 3/4 soir. — *Trajet :* 7 kilomètres.

B. 2e Route : par Royat, Randanne et le Mont-Dore. (Se confond avec la 1re route au-delà de Randanne.) — Cette route n'est suivie que par les voitures particulières.

SAISON DU 15 JUIN AU 1er OCTOBRE

Durée de la cure : 15 à 40 jours, suivant la nature de la maladie.

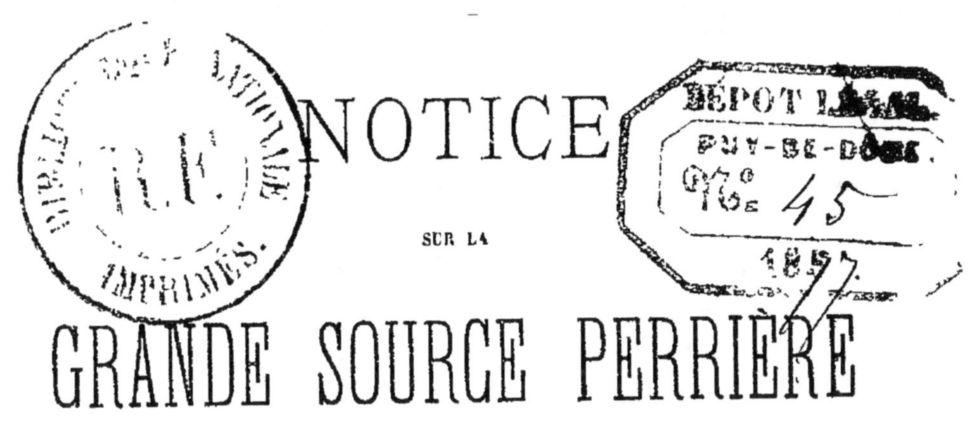

NOTICE

SUR LA

GRANDE SOURCE PERRIÈRE

I

Les Eaux de la Bourboule, longtemps oubliées, occupent aujourd'hui, plus peut-être qu'aucune autre, l'attention du public.

Elles doivent leur renommée croissante et leurs propriétés remarquables à leur minéralisation particulière.

Elles sont arsenicales et les plus riches en arsenic que l'on connaisse.

On a pu contester les analyses de l'illustre Thénard qui, en 1854, était émerveillé de trouver *dans les eaux des anciennes sources aujourd'hui taries,* jusqu'à **12 milligrammes d'ARSENIC.**

Depuis cette époque en effet, on n'avait jamais signalé, dans les eaux de la Bourboule, plus de **7 milligrammes et demi d'ARSENIC,** correspondant à **11 milligrammes et demi d'ACIDE ARSÉNIQUE.**

Par suite des travaux de captage qui viennent d'être exécutés par la *Compagnie fermière,* le chiffre donné par Thénard s'est retrouvé et a même été dépassé dans les analyses de la **Source PERRIÈRE** qui contient 13 milligrammes d'ARSENIC par litre, correspondant à 21 milligrammes d'ACIDE ARSÉNIQUE.

Sa thermalité, qui est de 60° centigrades, dépasse également celle des anciennes sources disparues et celle des sources nouvelles de la localité.

Elle offre, en outre, des caractères qui la rapprochent des eaux *chlorurées sodiques* et est utilisée comme telle, ainsi que l'étaient de temps immémorial les anciennes sources qu'elle a remplacées.

La **Source PERRIÈRE** porte le nom de l'homme intelligent qui sut deviner l'émergence véritable des eaux minérales à la Bourboule ; avant lui on se bornait philosophiquement à recueillir quelques gouttes qui venaient sourdre à la jonction des tufs trachytiques, formant le roc de la Bourboule, avec le granite auquel ils s'adossent.

Lors de sa constitution, la *Compagnie fermière* des Eaux minérales de la Bourboule avait été mise en possession de cinq sources, dans lesquelles est comprise la **Source PERRIÈRE,** qui fait l'objet de cette notice.

Dès sa formation, la *Compagnie fermière*, continuant l'œuvre de PERRIÈRE, s'est occupée de l'étude approfondie du régime des sources de la Bourboule et des moyens de développer les richesses de cette station, en profitant de la faculté dont elle jouit d'étendre ses recherches sur la totalité des terrains communaux et des vastes terrains qu'elle possède en propre.

Les indications géologiques, l'opinion des *ingénieurs hydrologues les plus éminents* étaient d'accord pour conseiller certains travaux de captage.

Ces travaux ont été entrepris et ont donné les résultats espérés.

Aujourd'hui, l'eau de la **Source PERRIÈRE** puisée à une grande profondeur, au niveau de la faille granitique, est captée d'une manière définitive. Elle alimente le vaste établissement construit par la Compagnie sur la rive droite de la Dordogne, et qui se trouve ainsi en possession d'eau dont la thermalité et la minéralisation arsenicale dépassent tout ce qui existait jusqu'à ce jour dans la localité.

La *Compagnie fermière* s'est entourée, dans l'intérêt de la station et des baigneurs, de toutes les garanties désirables pour que cet Établissement répondît au progrès de l'hydrothérapie et aux besoins de la médication thermale.

II

La Station thermale.

Le pays est attrayant, et le site pittoresque.

La vallée est ouverte au soleil levant. A cette altitude de 850 mètres, elle jouit d'un climat doux et uniforme, abritée des vents d'ouest par des pentes boisées, et garantie contre les vents froids du nord par le massif granitique au pied duquel sont groupés les établissements.

La Bourboule est située presque à égale distance du pôle et de l'équateur, en pleine Auvergne, « cette contrée si belle, disait l'Auvergnat Sidoine Apollinaire, que les étrangers qui y sont une fois entrés ne peuvent plus se résoudre à en sortir et y ont vite oublié leur véritable patrie. »

Le voyageur, pour y arriver, a traversé la Limagne et la chaîne des Puys.

La Limagne, c'est la vaste et fertile vallée de l'Allier, ce beau verger, cette riche prairie, qui « moutonne au contact du vent, dit M. Louis Nadeau, comme les flots de la mer sous le baiser de la brise », cette admirable Limagne, à laquelle George Sand, dans une poétique boutade, n'a trouvé qu'un reproche à faire ; c'est qu'elle est « trop ouverte au soleil, en été ; et trop écrasée de corniches de neige, en hiver ».

Peu de régions du monde peuvent rivaliser de pittoresque avec le plateau où se dresse la chaîne des Puys, éloquents témoins des derniers cataclysmes ; où l'histoire des plus récentes convulsions géologiques est écrite en caractères grandioses.

Ce plateau émergeait de la mer qui recouvrait l'Europe, dès les premiers âges de la terre et les laves des éruptions postérieures se sont arrêtées sur ce sol primitif, au point même où se blottit derrière son rocher granitique notre hameau de la Bourboule.

Ces laves sont représentées ici par les trachytes des monts Dore, dont le point culminant, le Sancy est souvent visité par les baigneurs.

Pour les curieux de la nature, il ne manque pas là de

problèmes qui attendent leur solution. L'homme préhistorique a laissé des traces dans le voisinage. Beaucoup de mystères géologiques s'y cachent à l'ombre des forêts et sous la verdure des prairies.

III

Emploi médical.

L'efficacité des Eaux de la Bourboule semble devoir être attribuée, pour la plus grande part, à l'arsenic qu'elles contiennent et qui leur donne leur originalité.

I. Le fait ne paraît pas douteux pour les *maladies de la peau*, qui sont, à peu près toutes, avantageusement modifiées par leur usage, et dont plusieurs guérissent radicalement, souvent après une seule saison.

C'est ainsi qu'elles préviennent les rechutes de l'*érysipèle* périodique; qu'elles guérissent l'*érythème* chronique en une ou deux campagnes, l'*urticaire* à la première saison, comme le *prurigo*, le *lichen*, l'*herpès* phlycténoïde, le *pemphigus*, si le dépérissement n'est pas trop rapide; l'*eczéma*, l'*impétigo*, l'*acné*, les éruptions *furonculeuses*.

Même le *pityriasis*, le *psoriasis*, la *mentagre*, sont améliorés.

L'*éléphantiasis* seul paraîtrait absolument rebelle à leur action. (PEIRONNEL.)

II. Elles sont un agent puissant de résolution des *exostoses* et des *périostoses*; si elles sont impuissantes dans les vieilles *ankyloses*, elles rendent la souplesse et une plus grande amplitude de mouvements aux jointures *semi-ankylosées*. (PEIRONNEL.)

Elles résolvent les *hydarthroses* et améliorent les *tumeurs blanches* à toutes les périodes de leur évolution.

III. Elles sont des plus efficaces dans la *syphilis* tertiaire, dans toutes les formes du *rhumatisme* qui fournit le tiers de la clientèle totale de la Bourboule (PEIRONNEL); dans les *névralgies* où l'on obtient des succès complets dans les trois quarts des cas *(id.)*; elles améliorent les *névroses* d'origine spinale et bulbaire et la plupart des *paralysies*.

IV. M. Peironnel les recommande même dans la *gangrène sénile*, quand elle n'est pas survenue à un âge trop avancé.

V. Les *fièvres intermittentes rebelles* (les autres n'y viennent pas), sont guéries à la Bourboule de temps immémorial, comme la *cachexie* qu'elles déterminent.

VI. Le *diabète* y a été traité pour la première fois en 1864 (PEIRONNEL). Depuis, le nombre des diabétiques s'accroît chaque année.

Sous l'influence des eaux, on voit s'abaisser le chiffre du sucre et de l'urée dans les urines, et les cachectiques même en éprouvent une amélioration notable. « Il résulte d'observations nombreuses du docteur Danjoy, que l'abaissement du chiffre du sucre dans l'urine arrive par le seul fait du traitement minéral et indépendamment de l'influence du régime. » (Docteur LECORCHÉ : *Traité du Diabète.*)

VII. On peut ajouter à cette nomenclature l'*albuminurie*, les *angines, laryngites, pharyngites* chroniques, la *bronchite*, les formes atoniques de la *goutte*, les *catarrhes utérins*, la *dysménorrhée*, toutes les formes de l'*anémie*, les *cachexies*, etc.

VIII. Les effets merveilleux des Eaux de la Bourboule dans la *phthisie pulmonaire* ont été surtout révélés par M. le docteur Noël Gueneau de Mussy.

M. le docteur Pidoux, des Eaux-Bonnes, qui considérait les eaux d'Ems et du Mont-Dore comme sans portée dans la phthisie, parce qu'il les comparait à celles des Eaux-Bonnes, dont la portée est excessive, réservait son opinion sur la Bourboule, tout en reconnaissant ses bons effets « dans l'asthme et les bronchites capillaires chroniques avec emphysème. » *(Etudes sur la phthisie.)*

Son livre était publié en 1873 ; aujourd'hui, la preuve qu'il attendait n'est plus à faire. Le docteur de Pietra Santa s'est prononcé formellement dès 1875 *(Traitement rationnel de la phthisie pulmonaire)* ; et, quoique l'on ne sache pas encore si les résultats doivent être attribués exclusivement à l'arsenic, l'essentiel est que personne ne les conteste aujourd'hui ; et cela suffit pour que l'on s'empresse, de toutes parts, d'en faire bénéficier les phthisiques, et en général tous les gens qui souffrent de la poitrine, tuberculeux ou non tuberculeux.

IX. « Les Eaux de la Bourboule, écrivait le docteur

Rotureau, dès 1868, sont indiquées spécialement contre la **scrofule** à toutes ses périodes, depuis le **lymphatisme** jusqu'aux **caries** et aux **nécroses osseuses.** »

Le même auteur fait ressortir, d'après le docteur Bergeron, l'insuffisance des bains de mer dans ces affections.

Au contraire, « que l'on ait affaire à une **scrofulide**, à un **engorgement des ganglions lymphatiques** avec ou sans ulcération, à une **inflammation**, à un **boursouflement** et à une **suppuration** des membranes muqueuses *auriculaire*, *oculaire* ou *pituitaire*, etc., à une **tumeur blanche**, quelque avancée qu'elle soit et quelque articulation qu'elle occupe, à une **carie** superficielle ou profonde, des *cartilages* ou des *os*, à une **incurvation** de la *colonne vertébrale*, provenant du **rachitisme** ou de la résorption suppurative d'une ou de plusieurs vertèbres, à une **nécrose** profonde, les Eaux minérales de la Bourboule, employées à l'intérieur et à l'extérieur, conduisent souvent les malades à une grande amélioration et plus tard à une guérison complète. » (ROTUREAU : *Dict. encycl. des sc. médic.* LA BOURBOULE.)

La facilité avec laquelle les enfants supportent la médication arsenicale, permet de les faire bénéficier de ces propriétés dans une large mesure.

Ces Eaux sont contre-indiquées dans le cas d'altération grave de texture du cœur, dans la prédisposition apoplectique, et dans la diathèse goutteuse trop prononcée.

La durée de la cure est de 15 à 40 jours, et cette durée est subordonnée à la docilité et aux ressources du malade, autant qu'à la nature de la maladie. Elle peut être de 16 à 18 jours pour le rhumatisme et les névralgies. Toutes les autres, surtout les scrofules, les affections cutanées, la syphilis constitutionnelle exigent un traitement de 30 à 40 jours. (PEIRONNEL.)

Les eaux de la **Source PERRIERE** peuvent se transporter et se conserver sans altération. On les boit aux repas, pures ou mélangées au vin, à la dose d'un demi-verre à trois verres par jour. On peut les réchauffer au bain-marie et les prendre avant le repas.

IV

MÉDECINS EXERÇANT A LA BOURBOULE

Docteur PEIRONNEL, *inspecteur.*

MM. AGUILHON.	MM. DUVERNET.
CHAMPRIGAUD.	ESCOT.
CHATEAU.	NICOLAS (AD.).
CHOUSSY.	NOIR.
DANJOY.	PRADIER.
DULIÈGE.	VÉRITÉ.

ANALYSE DE L'ÉCOLE DES MINES DE PARI

SOURCES EXPLOITÉES PAR LA COMPAGNIE FERMIÈRE

DÉSIGNATION DES SUBSTANCES	Grande Source PERRIÈRE	LA PLAGE	SÉDAIGE	FENESTRE no 1	FENE no
Résidu fixe par litre.	5ᵍ1100	5ᵍ4500	3ᵍ4800	1ᵍ2400	2ᵍ7
Arsenic, par litre....	0.0048	0.0042	0.0035	0.0035	0.0
Acide carboniq. libre.	0.4034	0.5166	0.6494	0.3361	0.8
Acide carbonique des bicarbonates	1.2944	1.3376	0.9702	0.3988	0.7
Acide chlorhydrique	2.0320	2.2225	1.3258	0.4219	1.0
Acide sulfurique ...	0.1167	0 1098	0.0721	0.0274	0.0
Silice..	0.0340	0.0360	0.0280	0.0250	0.0
Péroxyde de fer.....	0.0043	0.0040	0.0048	0.0030	0.0
Chaux.............	0.0720	0.0380	0.0340	0.0450	0.0
Magnésie..........	0.0146	0.0154	0.0128	0.0164	0.0
Potasse...	0.0769	0.1230	0.0577	0.0336	0.0
Soude	2.5696	2.7648	1.7860	0.5696	1.3
Matières organiques..	0.0140	0.0160	0.0170	0.0200	0.0
Lithine............	traces sensibles	traces sensibles	traces sensibles	»	
TOTAL........	6ᵍ6367	7ᵍ1879	4ᵍ9613	1ᵍ9003	4ᵍ23
Températures en degrés centigrades... ...	56°	35°	31°	21°	22

AVIS IMPORTANT

De grands travaux de captage ont été exéc
la saison 1876 par la *Compagnie des Eaux
de la Bourboule*..

L'eau de la **Grande Source PER**
actuellement puisée à sa naissance. Au
nous écrivons, les analyses complètes ne
pas entièrement connues ; mais la quantit'
contenue dans cette eau a été dosée d'un
certaine par le docteur Garrigou ; elle s'élè
d'hui à 0 gr. 0130 par litre, chiffre très
à tous ceux donnés jusqu'à ce jour par l
faites sur les autres sources de la Bourboul

Par suite de ces travaux, la température de
Source PERRIÈRE est également augm
est aujourd'hui de 60° centigrades.

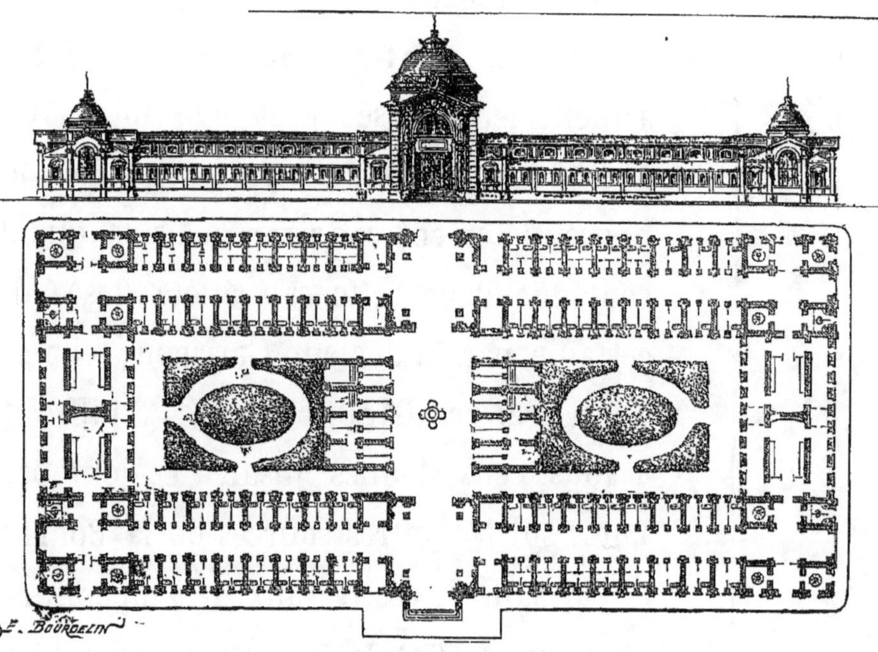

Plan des thermes de la Bourboule.

PRINCIPAUX HOTELS DE LA BOURBOULE

HOTEL des Ambassadeurs (Gd.)	HOTEL de France.
— d'Angleterre (Gd.)	— du Globe.
— des Bains (Gd.)	— Grand Hôtel.
— de Bordeaux.	— Journiac.
— Bellon.	— des Deux-Mondes.
— de la Bourboule ou Villa Madame.	— du Nord.
— de l'Établissement (Gd.)	— du Parc.
— des Étrangers (Gd.)	— de la Poste.
— dé l'Europe.	— de Paris.
	— Grand Hôtel de l'Univers

MAISONS MEUBLÉES

Villa Vendeix.	Maison Mallet.
Maison Barbecot.	Maison Maury.
Maison Mᶦˡᵉ David.	Maison Nicolas.
Maison Faure.	Maison Vᵉ Roux (Hôtel de la Paix).
Maison Fournier.	
Maison Guillaume.	Maison Roux-Guillaume.

La plupart des appartements sont confortables et spacieux.

TABLES D'HOTE : Déjeuners à 10 h. 1/2 ; dîners à 5 h. 1/2.

Dans les principaux hôtels les prix varient entre 12 et 16 francs en juillet, et 8 et 12 francs le reste de la saison.

Les tables sont servies avec abondance et offrent une alimentation saine et variée.

Dans les maisons meublées, où l'on trouve généralement le personnel nécessaire pour la cuisine et le service des chambres, le prix de la chambre varie entre 3 et 6 francs par jour, selon l'étage, l'époque de l'année et la situation de la maison.

THERMES DE LA BOURBOULE

VASTE ET BEL ÉTABLISSEMENT

CONSTRUIT EN 1876

Alimenté par les cinq sources ARSENICALES de la Compagnie fermière
dont la principale, la

GRANDE SOURCE PERRIÈRE

(propriété communale)

EST LA PLUS ARSENICALE CONNUE

Ouverture du 15 juin au 1er octobre

MUSIQUE, CONCERTS, SPECTACLES

Pour tous renseignements, s'adresser au Directeur de la Cie fermière, soit à la Bourboule soit à Clermont-Ferrand, 10, rue du Billard.

62

EXCURSIONS

I. Murat-le-Quaire — Pessis — Genestoux — cascade de Queureuilh — les Bains du Mont-Dore.

II. Murat-le-Quaire — cascade de la Vernière — prairies de Rigolet — salon de Mirabeau — Bains du Mont-Dore.

III. Bois de Charrade — Roche des Fées — grotte de la Bonne-Femme.

IV. Ravin de l'Eau salée — Roche Vendeix — forêt du plateau de Bozat.

V. Environs du Mont-Dore — la Grande Cascade — le Ravin des Egravats — le Roc de Cuzeau.

VI. La cascade du Serpent — cascade et marais de la Dore — Pic de Sancy.

VII. Capucin — Vallon de la Cour — Val des Enfers.

VIII. La Banne d'Ordenche — le lac de Guéry et sa cascade — la cascade de la Roche-Sanadoire — les Roches Thuilière et Sanadoire — le lac de Servière — la Roche Branlante — la Croix-Morand — le bois de la Chaneau — les puys de la Vache, de l'Ongle, de Haute-Chaux, de Mareilhe.

IX. Chapelle de Vassivières — lac Pavin — creux du Soucy — Besse.

X. Lacs Estivadore, Chauvet, de Chambedaze — le volcan et le lac de Montsineyre — la Godivelle et son lac.

XI. Lac Chambon et Dent du Marais — Murols et son château.

XII. Saint-Nectaire et ses environs.

XIII. Le Tartaret — la vallée de Chambon — la Gorge de Chaudefour.

XIV. Puy Baladore — Pessade — Monteinard — Narse — l'Espinasse — Randanne — Montjughcat — Montchaud — puy de la Roche — lac d'Aydat — Avitacum — habitation de Sidoine Apollinaire — puy de Vichatel — puy de la Vache et de Lassolas — puy Noir — bosquets de la Cheire, du puy de la Vache — puy de Laschamps.

XV. Puy Pariou — puy de Dôme — environs de Clermont.

On trouve à la Bourboule des voitures, chevaux et ânes pour excursions et promenades.

VUE DES THERMES DE LA BOURBOULE (nouvel Établissement de la Compagnie fermière).

Clermont, typographie Mont-Louis.

www.ingramcontent.com/pod-product-compliance
Lightning Source LLC
LaVergne TN
LVHW050352030726
842520LV00005B/2079